Sitzungsberichte
der Akademie der Wissenschaften
der DDR
Mathematik – Naturwissenschaften – Technik

8 N
1980

Gerhard Öhlmann

Katalyse – ein Hauptweg chemischer Stoffwandlung

AKADEMIE-VERLAG · BERLIN

Sitzungsberichte
der Akademie der Wissenschaften
der DDR
Mathematik — Naturwissenschaften — Technik

Jahrgang 1980 · Nr. 8/N

Gerhard Öhlmann

Katalyse — ein Hauptweg chemischer Stoffwandlung

AKADEMIE-VERLAG · BERLIN
1981

Vortrag von Gerhard Öhlmann, Ordentliches
Mitglied der Akademie der Wissenschaften
der DDR, gehalten anläßlich des Leibniz-Tages
der Akademie am 6. Juli 1979

Herausgegeben im Auftrage
des Präsidenten der Akademie
der Wissenschaften der DDR
von Vizepräsident Prof. Dr. Heinrich Scheel

Erschienen im Akademie-Verlag, DDR-1080 Berlin, Leipziger Str. 3—4

Lizenznummer: 202 · 100/298/80
Gesamtherstellung: VEB Druckhaus Köthen
Bestellnummer: 762 859 1 (2010/80/8/N) · LSV 1275
Printed in GDR
DDR 3,50 M

Die chemische Stoffwandlung bildet eine wesentliche, natürliche Grundlage biologischen und sozialen Lebens.
Jeder natürliche Organismus – auf welcher Entwicklungsstufe er sich auch immer befinden möge – lebt und existiert nur, solange er die Fähigkeit zu ständigem Stoffaustausch mit seiner Umwelt besitzt. Diese wichtigste Lebensäußerung aber vollzieht sich über tiefgreifende chemische Umwandlungen der Stoffe.

Im Dienste des Menschen und der menschlichen Gesellschaft besitzt die chemische Stoffwandlung hervorragende Bedeutung. Ihre zunehmende Beherrschung hat daher oft zugleich auch wichtige Meilensteine für die Entwicklung der gesellschaftlichen Produktivkräfte gesetzt. Denken wir an die Nutzbarmachung des Feuers, die nach den Worten von Friedrich Engels dem Menschen zum ersten Male die Herrschaft über eine wichtige Naturkraft brachte und ihn damit endgültig aus dem Tierreich herauslöste. [1] Denken wir an die Gewinnung metallischen Eisens als eine der großen Errungenschaften der Menschheit oder an die Herstellung des Papiers, mit der zugleich die wichtigste Voraussetzung für den Buchdruck und damit für die Verbreitung von Wissen, Ideen und Kultur gegeben war. Oder betrachten wir schließlich die moderne Chemie mit ihrer Fülle wertvoller synthetischer Stoffe, die ungekannt von der Natur selbst, vom Menschen nach ihren Bauplänen erzeugt werden und die aus unserem Dasein heute nicht mehr wegzudenken sind.

Unsere moderne Industrie basiert auf hunderten chemischer Stoffwandlungsprozesse, deren Produkte alle Sphären unseres gesellschaftlichen und individuellen Lebens durchdringen. Zu den wichtigsten Aufgaben der Chemie gehört daher die immer bessere Beherrschung der Stoffwandlung, das heißt vor allem, die makroskopischen Erscheinungen aus dem erkannten Mikro- und Elementargeschehen heraus zu verstehen und dieses Verständnis für die effektivere Gestaltung bereits arbeitender und neu einzuführender Prozesse zu nutzen.

Chemische Stoffwandlungen sind das Ergebnis des Ablaufs chemischer Reaktionen, meistens einer sehr großen Anzahl verschiedener, konsekutiver oder paralleler Elementarreaktionen. Wie Abbildung 1 am Beispiel der Jodwasserstoffbildung aus molekularem Wasserstoff und molekularem Jod zeigt, werden dabei chemische Bindungen zwischen Atomen gelöst und andere neu gebildet. Dieser Vorgang verlangt im chemischen Elementarakt eine starke Annäherung der Reaktionspartner, hier im Beispiel also des Wasserstoffs und Jods, die zur Bildung eines Übergangskomplexes führt, sofern die reagierenden Moleküle über ausreichende kinetische Energie verfügen, um den Gipfel der Energiebarriere zu erreichen. Die Geschwindigkeit der Reaktion nimmt um so größere Werte an, je geringer die für die Bildung des Übergangskomplexes durch die Moleküle aufzubringende Energie, die sogenannte Aktivierungsenergie, ist. Dieser Zusammenhang besitzt exponentiellen Charakter, d. h., kleinen Änderungen der Aktivierungsenergie entsprechen große Änderungen der Reaktionsgeschwindigkei. Je höher die Temperatur, um so größer wird der Anteil der Moleküle, der die notwendige Energie besitzt. Die überwiegende Mehrzahl thermodynamisch möglicher Reaktionen zwischen Molekülen besitzt derart hohe Aktivierungsenergien, daß ihr Ablauf überhaupt nur bei extrem hohen Temperaturen mit meßbarer Geschwindigkeit erfolgen könnte. Man kann daher ohne Übertreibung sagen, daß die natürliche Entwicklung unseres Planeten, so wie wir sie heute konstatieren, nicht möglich gewesen wäre, hätte die Natur in den vielen Milliarden Jahren ihrer Entwicklung für den Ablauf chemischer Reaktionen nicht wesentlich effektivere Reaktionswege erschlossen. Der für die Natur und Technik bedeutsamste von ihnen ist die Katalyse. Er ist gekennzeichnet durch die intermediäre chemische Wechselwirkung der Reaktionspartner mit einem dritten Stoff – dem Katalysator, dessen Mitwirkung die selektive Aktivierung der von der Reaktion betroffenen Bindungen ermöglicht. Der Gesamtvorgang der Stoffumwandlung wird als Folge dieser Wechselwirkung meistens in eine größere Anzahl einzelner Reaktionsstadien zerlegt, von denen jedes eine absolut kleinere Aktivierungsbarriere zu überwinden hat, als sie die Moleküle ohne Beteiligung des Katalysators zu passieren hätten. Diesen Sachverhalt erläutert Abbildung 2, die die Erniedrigung der Aktivierungsenergie für die Ammoniak-Synthese veran-

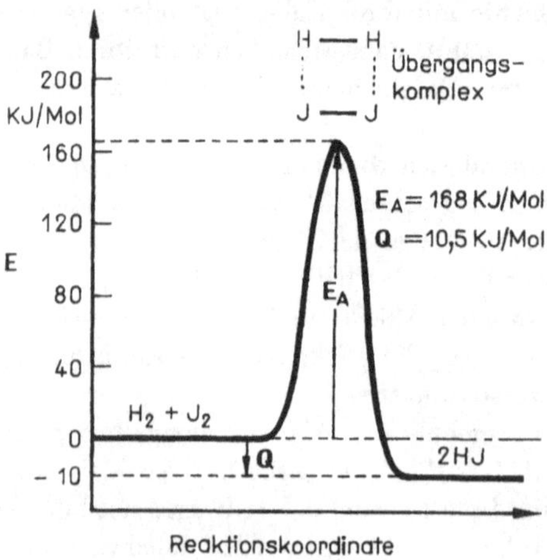

Abb. 1 Jodwasserstoffbildung

schaulicht. Es werden verglichen: der nichtkatalytische Weg, dessen Aktivierungsenergie so hoch ist, daß die Reaktion praktisch so nicht zu verwirklichen wäre und der katalytische Weg am Eisen-Katalysator. Hier wird der Gesamtvorgang aufgespalten in die Bildung eines Oberflächen-Nitrids Fe_xN und dessen anschließende Hydrierung zu Ammoniak. Die Aktivierungsenergie wird auf 190 KJ/Mol erniedrigt, sie ist eine Funktion der Aktivierungsenergien beider Stadien.

Katalytische Reaktionen besitzen fast immer auch eine höhere Selektivität, d. h. bestimmte Reaktionsprodukte sind gegenüber anderen stark bevorzugt. Diese Eigenschaft beruht auf den begrenzten Möglichkeiten der Bildung intermediärer Verbindungen des Katalysators mit den Reaktanten infolge des chemisch-spezifischen Charakters dieser Wechselwirkung.

Es läßt sich vermuten, daß die erdgeschichtlich ersten chemischen Stoffwandlungen der einfachen Moleküle der Uratmosphäre noch vorrangig durch die Zuführung von Strahlungsenergie ermöglicht wurden. Im Maße der Erhöhung der Komplexität und der Vielfalt der im Prozeß der chemischen Evolution entstehenden Stoffe haben katalytische Reaktionswege immer mehr an Bedeutung gewonnen. Das gilt insbesondere für die abiogene Bildung organischer Verbindungen, für die sehr wahrscheinlich Reaktionen in adsorbierter Phase – also heterogenkatalytische Reaktionen – von besonderer Bedeutung waren. [2]

Mit der Herausbildung katalytischer Reaktionsmechanismen entsteht zugleich die Möglichkeit, daß eines von mehreren Produkten einer chemischen Umsetzung über Eigenschaften verfügt, die es zum Katalysator seiner eigenen Bildung ma-

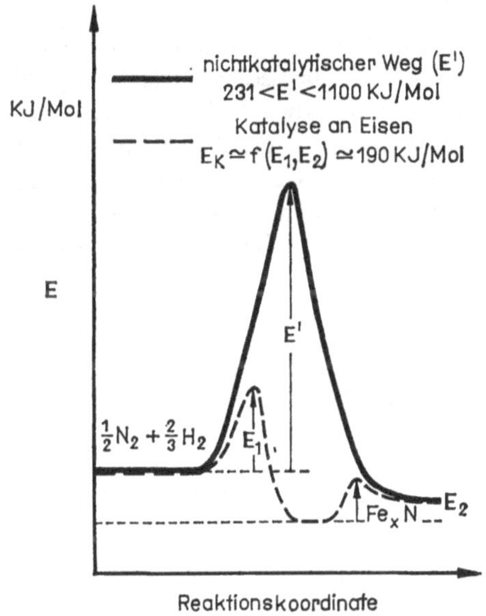

Abb. 2 Ammoniaksynthese

chen. Diese als Autokatalyse bezeichnete Erscheinung hat offenbar in der präbiologischen Molekülselektion eine entscheidende Rolle gespielt. Als ähnlich bedeutsam muß für die chemische und besonders für die biologische Evolution sicher auch die Tatsache angesehen werden, daß die Entwicklung katalytischer Reaktionsmechanismen Reaktionsgeschwindigkeit und Reaktionsrichtung auch außerhalb ihrer Abhängigkeit von Temperatur und Druck zu regelbaren Größen gemacht hat. Ihre vollkommenste Entwicklungsform erreicht die katalytische Stoffwandlung in lebenden Organismen in Gestalt der enzymatischen Katalyse. Die außerordentlich spezifische intermediäre Wechselwirkung der reagierenden Substratmoleküle mit den aktiven Bezirken des Enzym-Eiweiß-Makromoleküls verläuft sterisch und energetisch derart meistbegünstigend für die Reaktion, daß bei außerordentlich milden Bedingungen oft Reaktionsgeschwindigkeiten erreicht werden, die um viele Größenordnungen höher liegen, als sie für die gleiche Reaktion an niedermolekularen oder festen Katalysatoren technischer Herkunft beobachtet werden. Die Tabelle 1 zeigt diesen Geschwindigkeitsvergleich für die Zersetzung von Wasserstoffperoxid ohne Katalysator mit Hilfe der anorganischen Katalysatoren: Jod-Ionen, metallisches Platin und Fe^{3+}-Ionen sowie für das Enzym Katalase. Das Enzym ist noch $10^5\times$ schneller als der beste anorganische Katalysator. [3] Mit zunehmender Erkenntnis des Wirkungsmechanismus von Enzymen, zu der auch die biochemische Forschung unserer Republik international beachtete Beiträge liefert, ist daher immer wieder der Wunsch entstanden, enzymähnliche Wirkungen mit Hilfe synthetischer organischer Moleküle und Makromoleküle zu ermöglichen. Pionierarbeit auf diesem Gebiet hat das Mitglied unserer Akademie W. LANGENBECK geleistet. [4]

Seine Forschungen über organische Katalysatoren und die sukzessive Erhöhung ihrer katalytischen Aktivität als Ergebnis einer systematischen Veränderung der Substituenten an der aktiven Gruppierung des organischen Moleküls veranschaulichten sehr deutlich die Abhängigkeit der katalytischen Eigenschaften eines Stoffes vom Charakter der lokalen Mikroumgebung seines katalytisch wirksamen Zentrums. Abbildung 3 veranschaulicht, wie LANGENBECK, ausgehend von dem für die Dekarboxylierung organischer Säuren wenig aktiven Methylamin, nach diesem von

Tabelle 1
Geschwindigkeitsvergleich (r)
Reaktion: Zersetzung von H_2O_2 bei Zimmertemperatur in wäßriger Lösung

Katalysator	Aktivierungs-energie KJ/Mol	$\frac{r_{\text{mit Kat.}}}{r_{\text{ohne Kat.}}}$
ohne Katalysator	71–75	1
J^-	52–56	10^3
Pt	44–48	10^4
Fe^{3+}	40	10^6
Katalase (Enzym)	4–8	10^{11}

ihm entwickelten Prinzip zu dem dargestellten Benzo-Amino-Naphtoxy-Indol kam. Die Aktivität dieser Substanz unterschied sich von der des natürlichen Enzyms nur noch um eine Größenordnung. Die schwarzen Säulen charakterisieren den Umsatz, d. h. die CO_2-Bildung nach 5 Minuten, die weißen den Gesamtumsatz in logarithmischer Darstellung. Die jüngste Entwicklung auf diesem Gebiet ist die Synthese sogenannter Synzyme, die von wasserlöslichen Hochpolymeren wie z. B. Polyäthyleniminen ausgeht und in ihnen die für Enzyme charakteristischen lokalen Konzentrierungen funktionaler Gruppen und hydrophober apolarer Domänen zu schaffen versucht. Die Ergebnisse sind bemerkenswert und eröffnen sicher neue Möglichkeiten, wenngleich auch die erreichten katalytischen Effekte insgesamt noch nicht befriedigen können.

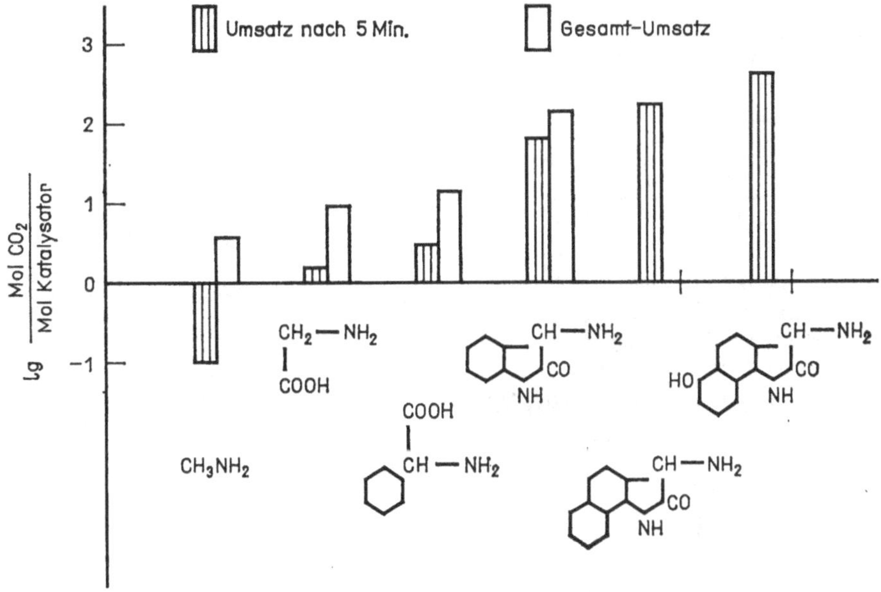

Abb. 3 Systematische Aktivierung eines Carboxylase-Modells (W. Langenbeck [4])

Die Entwicklung der industriellen Katalyse jedoch hat bisher nicht den Weg über die Nachahmung von Biokatalysatoren genommen. Selbst in der Gegenwart steht die verstärkte industrielle Anwendung isolierter natürlicher Enzyme noch weit mehr im Vordergrund als etwa die ihrer synthetisierten Analoga.

Die überwiegende Anzahl chemischer Prozesse der modernen chemischen Technik verläuft an anorganischen Katalysatoren, die wiederum in ihrer überwältigenden Mehrheit als Feststoffe, also als heterogene Katalysatoren, zur Anwendung kommen.

In den letzten Jahren zeigt sich jedoch ein zunehmender Trend zur stärkeren

Nutzung anorganischer und organischer Komplexverbindungen der Übergangsmetalle. Diese Stoffe besitzen z. T. hervorragende katalytische Eigenschaften; sie werden meistens noch in homogener Phase eingesetzt. Eine Reihe von Verfahren, die auf solchen homogenen Katalysatoren beruhen, wie z. B. die Oxosynthese, besitzen inzwischen außerordentliche wirtschaftliche Bedeutung.

Die bisherige Entwicklung der industriellen chemischen Stoffwandlung war jedoch im wesentlichen ein Siegeszug der anorganischen heterogenen Katalyse der beginnend beim Kontaktverfahren der Erzeugung von Schwefelsäure über die heterogenkatalytische Stickstoff-Fixierung in Gestalt der Ammoniaksynthese bis hin zu den modernen petrolchemischen Verfahren verläuft. Mehr als 70 % aller heute industriell realisierten Verfahren sind katalytisch, und davon etwa 85 % verdanken ihre hohe Produktivität den in ihnen angewandten heterogenen Katalysa-

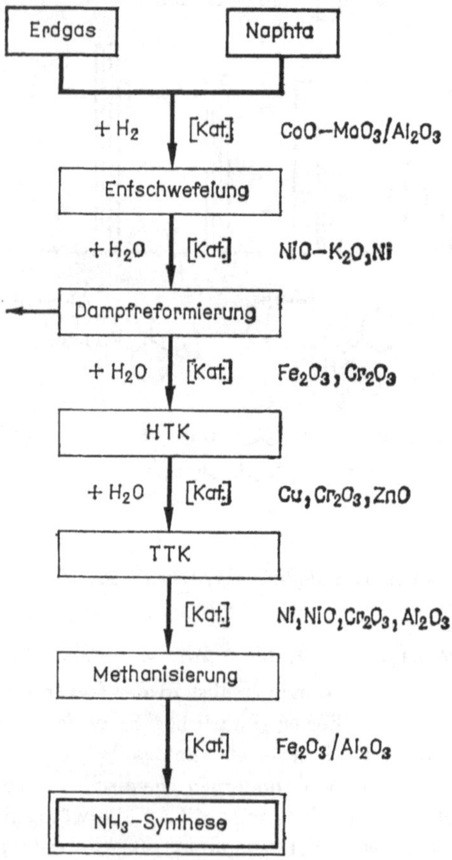

Abb. 4 NH_3-Syntheseweg
(HTK Hochtemperatur-Konvertierung, TTK Tieftemperatur-Konvertierung)

toren. Es gibt Produktionslinien, wie z. B. der in der Abbildung 4 dargestellte sogenannte Stickstoffweg, die sogar ausschließlich aus heterogenkatalytischen Teilprozessen bestehen. Hier sind es:

- Entschwefelung
- Dampfreformieren
- Hochtemperatur-Konvertierung
- Tieftemperatur-Konvertierung
- Methanisierung
- Ammoniak-Synthese

Die entscheidende Rolle des Katalysators für die Produktivität eines chemischen Verfahrens macht ihn und seine Herstellung nicht nur seit langem zum Gegenstand intensivster Entwicklungsarbeit, sondern zugleich auch zum Objekt strengster Geheimhaltung. Der Besitz der wirksameren, effektiveren Katalysatoren beinhaltet zugleich wesentliche ökonomische Vorteile. Bei uns für unsere sozialistische Volkswirtschaft, in den kapitalistischen Ländern für den Profit der Monopole. Diese Schlüsselposition des Katalysators wirkt als ständige Triebkraft für die unaufhörliche Suche nach neuen, besseren Katalysatoren zur weiteren Intensivierung bestehender bzw. für die Entwicklung neuer Prozesse.

Ein Beispiel für diese Tendenz ist die fortschreitende Vervollkommnung des Katalysators für die Umwandlung von Propylen in Acrylnitril, dem Ausgangsstoff für die Erzeugung der bekannten Wolpryla-Faser. Die Abbildung 5 veranschaulicht die Entwicklung in der Welt an Hand der ACN-Ausbeute und des Zuwachses an Warenproduktion, die gegenwärtig absolut ca. 5 Millionen t jährlich beträgt. Im Verlaufe der Existenz solcher Produktionsanlagen seit 1960 konnte die ACN-Ausbeute also von durchschnittlich 55 % auf durchschnittlich 70–75 % gesteigert werden. Unsere Republik, die seit 1968 Acrylnitril direkt aus Propylen erzeugt, ist

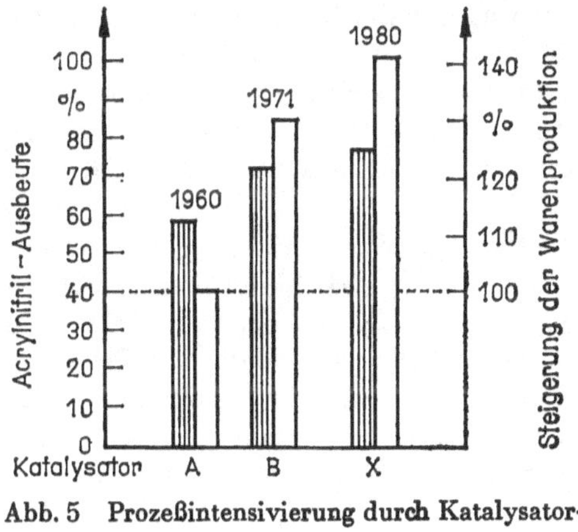

Abb. 5 Prozeßintensivierung durch Katalysator-Verbesserung

diesen erfolgreichen Weg mitgegangen. Den Hauptbeitrag hierfür leistete die weitere Entwicklung von Katalysatoren, die von unseren Kollegen in Leuna zielstrebig vorangetrieben wurde und die, wie die Zahl für 1980 andeuten soll, keinesfalls als abgeschlossen angesehen wird. In zunehmendem Maße können sie sich dabei auf Ergebnisse der Grundlagenforschung des Zentralinstituts für physikalische Chemie (ZIPC) stützen.

Neben der überwiegend anzutreffenden allmählichen Steigerung der Leistungsfähigkeit industrieller Katalysatoren kennt die Geschichte der industriellen Katalyse auch Perioden sprunghafter Fortschritte in der Produktivität chemischer Verfahren als Resultat systematischer Entwicklungsarbeit – ausgelöst durch die Entdeckung eines neuen Katalysatortyps. Hier sei an die Einführung von Crackkatalysatoren auf der Grundlage von Zeolithen erinnert, die Mitte der sechziger Jahre in den USA vollzogen wurde und einen so erheblichen Intensitätszuwachs der bestehenden Anlagen für die Gewinnung von Vergaserkraftstoffen brachte, daß deren Kapazität über mehrere Jahre hinweg ohne extensive Erweiterung den wachsenden Bedarf decken konnte. [5]

Die hervorragende Rolle von Katalysatoren in Natur und Technik – der universale Charakter der katalytischen Stoffwandlung – übt bereits seit Jahrzehnten einen ununterbrochenen Reiz auf die Grundlagenforschung aus. Das gilt in besonderem Maße für die heterogene Katalyse.

Die Aufklärung des Wesens der Katalyse und der generellen Wirkungsweise von Katalysatoren bietet, obwohl selbst Ergebnis jahrzehntelanger Forschung, dennoch kaum mehr als die Richtung für die moderne Katalyseforschung als Teil der Erforschung des Elementarmechanismus chemischer Reaktionen. Diese Richtung besteht in der Untersuchung des Chemismus der intermediären Wechselwirkung der Reaktanden mit dem Katalysator, der seinerseits als Ergebnis der interatomaren Beziehungen in den aktiven Zentren der Katalysatoren verstanden werden muß.

Die bisher existierenden Theorien der heterogenen Katalyse bemühten sich in der Regel um eine Erklärung des katalytischen Wirkungsmechanismus für ganze Gruppen von Katalysatoren und Reaktionstypen. Sie führen aber nur sehr beschränkt zu einer Konkretisierung der für die aktive Wechselwirkung notwendigen Oberflächeneigenschaften eines Katalysators; auch beinhalten sie einseitige Überbetonungen bestimmter Eigenschaften. In jedem Fall ist ihre wissenschaftliche Vorhersagekraft für die notwendige Struktur und Zusammensetzung der Aktivphase eines Katalysators gering.

Als fruchtbarer und für die noch weitgehend empirisch arbeitende Katalysatorentwicklung, vor allem auch als praktikabler, haben sich Korrelationen zwischen Bindungsstärken beteiligter Oberflächenatome des Katalysators und seinen katalytischen Eigenschaften erwiesen. So ist auf die Bedeutung optimaler Bindungsfestigkeiten, z. B. des Sauerstoffs an der Oberfläche oxidischer Katalysatoren, für deren Aktivität und Selektivität in Oxidationsreaktionen, besonders von Akademiemitglied Günther Rienäcker – heute mit vollem Recht als Nestor der anorganischen Katalyseforschung unserer Republik bezeichnet – hingewiesen worden. Die

Abbildung 6 zeigt die von ihm 1955 veröffentlichte Kurve, die für die maximale Aktivität oxidischer Katalysatoren optimale Bindungsfestigkeiten des oxidischen Sauerstoffs fordert und zugleich auf die Modifizierbarkeit dieser Eigenschaft durch Zusätze anderer Oxide hinweist. [6]

Dieses Konzept, das später für die einfachen Oxide der 1. Periode der Übergangsmetalle und deren Aktivität gegenüber der Totaloxidation von Kohlenwasserstoffen auch quantifiziert wurde, erweist sich deshalb als fruchtbar, weil die Lösung bzw. Bildung der Sauerstoffbindung im Übergangskomplex für viele Oxidationsreaktionen der limitierende Teilprozeß ist. Darin besteht zugleich auch die Einschränkung der Korrelation – überall dort, wo das nicht zutrifft, versagt sie.

Bei der Suche nach Korrelationen hat es in der Vergangenheit auch Übertreibungen gegeben. Das Bemühen, katalytisches Verhalten mit allen erdenklichen physikalischen Eigenschaften zu korrelieren, war mitunter eher dazu angetan, die wahren Zusammenhänge zu verdecken als sie zu enthüllen, solange der mögliche Mechanismus des Wirksamwerdens dieser Eigenschaften unbeachtet blieb.

Während sich die grundsätzliche Zielstellung der Erforschung der heterogenen Katalyse in den letzten 50 Jahren kaum veränderte, hat sich die Art und Weise des Herangehens an die Lösung der Aufgaben deutlich gewandelt. Im Maße der Erkenntnis der ganzen Komplexität der Erscheinung sind die konkreten Aufgabenstellungen der Forschung hinsichtlich der Breite der Erfassung des Wirkungsmechanismus von heterogenen Katalysatoren wohl eher bescheidener geworden, hinsichtlich der Eindringtiefe in das elementare Reaktionsgeschehen jedoch anspruchsvoller.

Gegenwärtig lassen sich zwei Hauptrichtungen des Herangehens an die Erforschung fundamentaler Probleme der heterogenen Katalyse unterscheiden.

Die eine der beiden Richtungen – die ältere – kommt mehr von der physikalischen Chemie her. Gegenstand ihrer Untersuchungen sind in der Regel Katalysa-

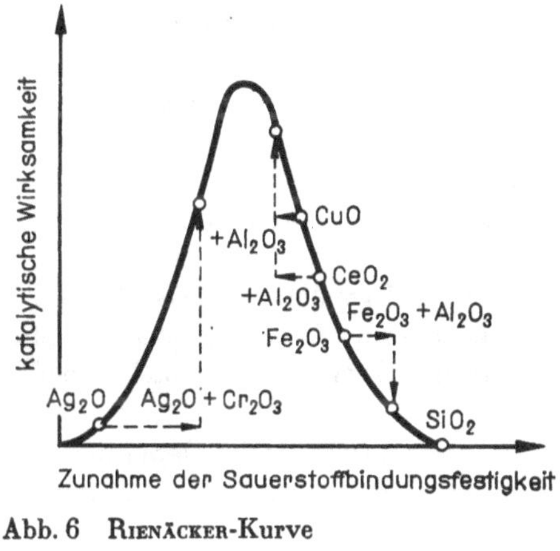

Abb. 6 Rienäcker-Kurve

toren großer Oberfläche und entwickelter Porenstrukturen, deren Herstellungsoperationen im allgemeinen gleichzeitig sehr sorgfältig untersucht werden, um möglichst definierte Oberflächenzusammensetzungen und Strukturen zu erhalten.

Als analytisch-diagnostische Methoden werden bevorzugt physiko-chemische Methoden wie selektive Chemisorption, temperaturprogrammierte Thermodesorption, katalytische Reaktionen als Sonden aber auch Methoden der optischen und Resonanz-Spektroskopie angewandt.

Die zweite, jüngere Richtung ist engstens verknüpft mit der Entwicklung von leistungsfähigen Oberflächen-Diagnose-Techniken, die von der chemischen Physik oder genauer von der Oberflächenphysik und Chemie her an die Probleme der heterogenen Katalyse herangeführt worden sind. Da diese Methoden im allgemeinen mit Flüssen von Elektronen oder Molekülen arbeiten, die bei höheren Gaskonzentrationen im Meßsystem gestreut werden würden, ist ihr Einsatz an das Ultrahoch- bis Hochvakuum gebunden. Als Untersuchungsobjekte dienen Proben kleiner Oberfläche, meistens Eiskristalle überwiegend metallischer Natur.

Zunächst einige Ausführungen zu dieser zweiten Richtung:

Vor fünf Jahren noch wurde die Möglichkeit eines Beitrages der Oberflächen-Physik und -Chemie zur Erforschung der heterogenen Katalyse in der Literatur als Frage formuliert und ihre Beantwortung durchaus noch der Zukunft überlassen.[7] Die Zweifel kamen wohl vor allem aus den Kreisen der Katalytiker, die mit Recht auf die großen Unterschiede zwischen der Beschaffenheit und den Arbeitsbedingungen technischer Katalysatoren einerseits und den im Hinblick auf Oberflächenreinheit und Gasumgebung sehr stark idealisierten Bedingungen der Untersuchungen mit Hilfe dieser Diagnosetechniken hingewiesen haben. Tatsächlich hatten zahlreiche Untersuchungen der Katalyse an ultrareinen Metalloberflächen erhebliche Unterschiede zum Mechanismus und zum Ablauf verschiedener Reaktionen an normalen Katalysatoren festgestellt. In der Zwischenzeit, d. h. in den letzten drei Jahren, wurde aber gezeigt, daß die großen Unterschiede des Drucks und der Oberflächenreinheit keine unüberbrückbare Kluft darzustellen brauchen, sondern durch Anwendung geeigneter Experimentiertechniken zumindest weitgehend überwunden werden können.

Der Umfang dieses Vortrages erlaubt es nicht, näher auf die einzelnen Diagnose-Methoden und die ihnen zugrunde liegenden physikalischen Gesetzmäßigkeiten einzugehen. Hier soll mehr die Information interessieren, die einzelne Methoden über Oberflächenzustände und Vorgänge an katalytisch aktiven Metallen zu liefern vermögen. Dabei darf nicht der Eindruck entstehen, als sei die Gewinnung und die Interpretation der jeweiligen Meßsignale leicht. Das Gegenteil ist meist der Fall, die experimentellen Daten müssen oft außerordentlich mühselig erarbeitet werden, und nicht immer sind die theoretischen Grundlagen der Deutung der Meßsignale hinreichend geklärt.

Vom Standpunkt des elementaren Oberflächengeschehens interessieren den Katalytiker vor allem die folgenden in der Tabelle 2 zusammengefaßten Informationen:

Tabelle 2
Oberflächen-Diagnose-Techniken

Information	Methoden	
Zusammensetzung	ESCA	– Elektronenspektroskopie für die chem. Analyse
Oxydationsstufen	AES	– Auger-Elektronenspektroskopie
der Atome	ISS	– Ionenrückstreuspektroskopie
elektr. Struktur	SIMS	– Sekundär-Ionen-Massenspektroskopie
Symmetrie	LEED	– Beugung niederenergetischer Elektronen
und		
Struktur	EXAFS	– Röntgenabsorptions-Feinstruktur
Zustand	ESCA	
chemisorbierter	HRELS	– Hochaufgelöste Energieverlust-Spektroskopie
Moleküle		
molekulare Wechselwirkungsdynamik	Reaktive Molekülstreuung an Oberflächen (Molekülstrahltechnik)	

1. Die atomare Zusammensetzung der Oberfläche und die Oxidationsstufen der Atome sowie elektronische Eigenschaften.
2. Die Symmetrieeigenschaften der Umgebung von Oberflächenatomen und Struktureigenschaften der Oberfläche.
3. Angaben über den Zustand chemisorbierter Moleküle.
4. Dynamik der molekularen chemischen Wechselwirkung von Gasen mit der Oberfläche.

Bei den leistungsfähigsten Methoden der ersten Gruppe gewünschter Daten sei auf die sogenannte Elektronenspektroskopie für die chemische Analyse (ESCA) und die Auger-Elektronenspektroskopie (AES) hingewiesen. Alle diese Methoden liefern elementspezifische Meßsignale.

Strukturelle Informationen über die Oberfläche lassen sich mit Hilfe der Beugung niederenergetischer Elektronen (LEED) gewinnen. Die neueste Entwicklung auf diesem Gebiet, die sogenannte Röntgenabsorption-Feinstruktur (EXAFS), liefert z. B. Bindungsabstände zwischen Oberflächenatomen auch für nicht ferngeordnete Atomanordnungen auf Oberflächen.[8]

Daten über adsorbierte Moleküle an den hier zur Diskussion stehenden kleinflächigen Probenkörpern lassen sich mit der Röntgen-Elektronenspektroskopie (ESCA) sowie durch die hochaufgelöste Energieverlust-Elektronenspektroskopie (HRELS) gewinnen.

Schließlich erlaubt die Molekülstrahltechnik durch reaktive Streuung von Molekülen an gut charakterisierten Oberflächen Aussagen über die Reaktionswahrscheinlichkeit unterschiedlich koordinierter Oberflächenatome bei einem Stoß mit dem Molekül.

Diese keineswegs vollständige Liste umfaßt Methoden, deren Meßsignale Eigenschaften der Oberfläche bzw. oberflächennaher Atomschichten widerspiegeln.

Von Bedeutung für die heterogene Katalyse sind zweifellos die von SOMORJAI und Mitarbeitern in Berkeley in Californien mit solchen Methoden gewonnenen Erkenntnisse.[9] Diese Arbeiten haben zwei Besonderheiten: sie setzen erstens stets mehrere Methoden in Kombination zur Charakterisierung des Oberflächengeschehens ein und stellen zweitens die Kombination des notwendigen Ultrahochvakuumsystems mit einer darin eingeschlossenen – aber isolierbaren – Hochdruck-Reaktionskammer dar. Diese Versuchsanordnung zeigt die Abbildung 7. Mit ihr ist es möglich, an der Katalysatorprobe eine katalytische Reaktion in einem geschlossenen Kreislauf bei Drucken bis zu 100 at ablaufen zu lassen, die Produkte gaschromatografisch zu verfolgen und zu jedem beliebigen Zeitpunkt mit Hilfe der installierten Diagnosetechniken — hier vor allem Augerspektroskopie (AES), Massenspektrometrie und der Elektronenbeugung (LEED) — eine Oberflächenanalyse des Katalysators vorzunehmen. Mit der im Schema abgebildeten Versuchsanordnung dauert der Übergang von 6—10 at Druck auf ein Vakuum von $5 \cdot 10^{-8}$ Torr etwa eine Minute. Auf diese Weise wird es möglich, die Kinetik eines Prozesses an wohldefinierten Katalysatoroberflächen bei hohen

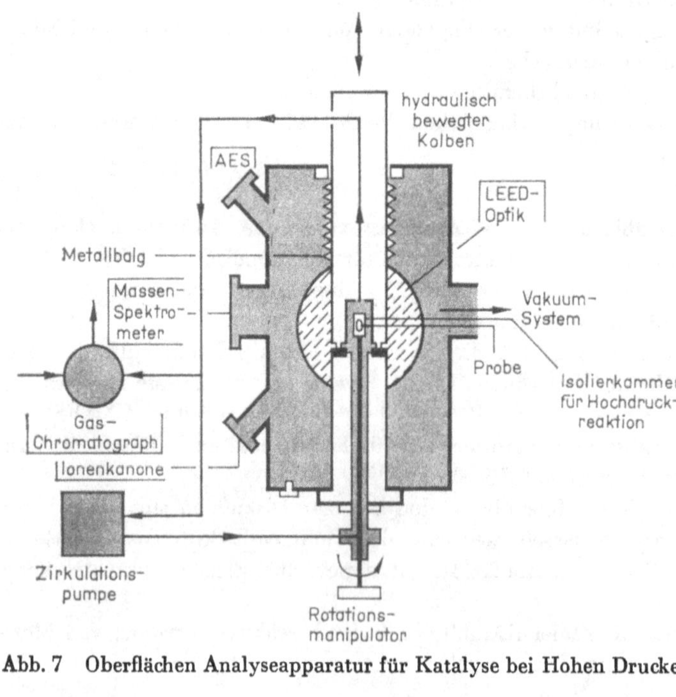

Abb. 7 Oberflächen Analyseapparatur für Katalyse bei Hohen Drucken

Drucken zu bestimmen und diese sowohl mit der Kinetik bei geringen Drucken als auch mit der Kinetik an normalen, porösen Trägerkatalysatoren zu vergleichen. Übereinstimmungen und Unterschiede werden dadurch interpretierbar. Die Methode erlaubt, die Oberflächenstruktur oder Zusammensetzung definiert zu verändern und die Auswirkungen dieser Veränderungen auf die katalytische Aktivität und Selektivität zu studieren. Welche für die heterogene Katalyse wichtigen Erkenntnisse dank des ohne Zweifel sehr aufwendigen Einsatzes dieser hochentwickelten Technik gewonnen werden konnten, soll an einem Beispiel demonstriert werden.

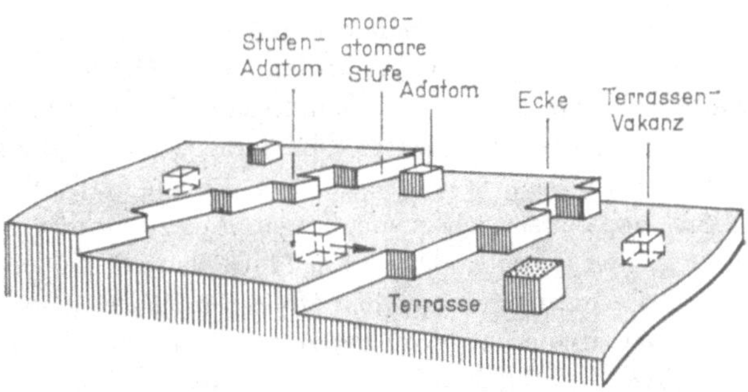

Abb. 8 Atompositionen mit unterschiedlicher Anzahl nächster Nachbarn

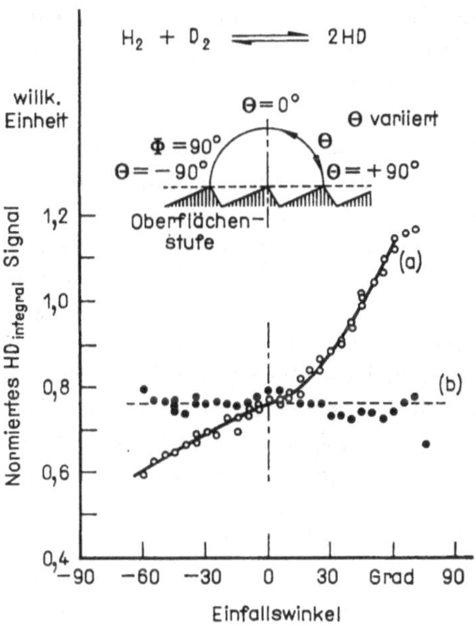

Abb. 9 Molekülstrahlexperiment
Ausbeute an HD in Abhängigkeit vom Einfallswinkel (Nach Somorjai [9])

Seit langem wissen die Katalytiker, daß die Oberfläche vieler Katalysatoren, selbst wenn sie nur aus einem einzigen Element bestehen — wie z. B. die katalytisch aktiven Metalle — im Hinblick auf ihre katalytischen Eigenschaften inhomogen ist. Der Katalytiker spricht von Oberflächenzentren oder Oberflächenbezirken mit unterschiedlicher katalytischer Wirksamkeit. Experimentell konnte von vielen Autoren gezeigt werden, daß an der Oberfläche von Kristallen Atome mit unterschiedlicher Anzahl nächster Nachbarn in relativ hohen Gleichgewichtskonzentrationen existieren. Die Abbildung 8 zeigt schematisch Atome in Terrassen, Stufen und Ecken. Daneben gibt es Punkt-Defekte wie Atomvakanzen und Adatome. Theoretisch läßt sich erwarten, daß diese unterschiedlich lokalisierten Atome unterschiedliche Reaktivitäten als katalytische Zentren haben sollten, die jedoch das normale makroskopische Katalyse-Experiment nicht offenbart. Es liefert nur integrale Aktivitäten und Produktselektivitäten. Um die qualitativen und quantitativen Unterschiede der katalytischen Wirkung der atomaren Oberflächenzentren herauszufinden, bedurfte es des Experiments auf atomarem Niveau. Besonders deutlich wird das in einem Molekülstrahlexperiment, wie es von SOMORJAI und Mitarbeitern realisiert wurde. Die Abbildung 9 zeigt das Ergebnis. Ein Molekülstrahl, d. h. ein Molekülfluß, in dem jede Wechselwirkung zwischen den Molekülen ausgeschlossen ist, bestehend aus Wasserstoff und Deuterium, wird gegen eine Pt-Kristalloberfläche mit atomaren Stufen gerichtet. Dabei läßt sich eine stark unterschiedliche Bildung von deuteriertem Wasserstoff HD in Abhängigkeit vom Einfallswinkel des Molekülstrahls beobachten. Verläuft der Molekülstrahl gewissermaßen in der Ebene des gezeigten Bildes, so entstehen hohe HD-Ausbeuten, solange der Strahl auf die offene Kante der Stufen trifft — die hier liegenden PT-Atome sind also besonders aktiv (Kurve a, oberer Teil). Das Gegenteil ist der Fall, wenn der Strahl so auf die Kristalloberfläche einfällt, daß die Böden der Stufen in seinem Schatten liegen (unterer Teil der Kurve a). Beim Verlauf des Molekülstrahls parallel zu den Stufen — also senkrecht auf die Bildebene — beobachtet man unabhängig vom Einfallswinkel stets gleiche HD-Ausbeuten (Kurve b).

Aus diesen Versuchen läßt sich abschätzen, daß die Bereiche zwischen der Stufe und der Terrasse der Platinoberfläche etwa siebenmal aktiver sind für die dissoziative Adsorbtion des Wasserstoffmoleküls als der Bereich der Terrassen selbst. Zu ähnlichen Ergebnissen kommt der Autor ebenfalls für die Spaltung von C—H- und C—C-Bindungen bei der Dehydrierung und der Hydrogenolyse von Zyklohexan und Zyklohexen. Atomare Stufen und Ecken besitzen hier eine besonders hohe Neigung zur hydrogenolytischen Spaltung von Kohlenwasserstoffmolekülen. Soll dieser Prozeß unterdrückt werden, so müssen Wege gefunden werden, um diese Zentren zu blockieren. Diese praktische Konsequenz allein wäre sicher der Mühe und des Aufwandes nicht Wert gewesen, denn die selektive Vergiftung von metallischen Katalysatoren ist eine seit langem geübte Praxis. Eine teilweise Blockierung solcher Zentren erfolgt sicher auch bereits während des Ablaufs der katalytischen Kohlenwasserstoffwandlung selbst. Nicht umsonst ist die hydrogenolytische Spaltaktivität am Frischkontakt stets wesentlich höher als am gebrauchten. Nicht auf diese praktische Schlußfolgerung soll es hier ankommen, sondern auf die Tatsache, daß diese Erscheinung auf atomarem Niveau der Erforschung zugänglich wird und somit auch Einsichten zu erwarten sind, die neben der wissenschaftlichen Fundierung bereits empirisch gewonnener Erkenntnisse auch neue, praktische Konsequenzen abzuleiten gestatten.

Soweit zu einigen Ergebnissen und Erkenntnissen aus jener Richtung in der Katalysator- und Katalyseforschung, die von der Oberflächenphysik und Chemie her ihren Ausgangspunkt genommen hat. Es kann heute wohl kaum noch Zweifel daran geben, daß von dieser Richtung zukünftig noch wichtige Beiträge zu erwarten sind. Das ist der Grund, weshalb dieser Arbeitsrichtung hier bewußt etwas breiterer Raum gewidmet werden sollte, obwohl hinsichtlich des Umfanges der Bemühungen zur Vertiefung unserer Erkenntnisse über die Wirkungsweise von heterogenen Katalysatoren die bereits erwähnte erste Arbeitsrichtung zweifellos als die bedeutsamere angesehen werden muß. Ein großer Teil der neueren Arbeiten dieser Richtung untersucht konkrete, technisch interessante Mehrkomponenten-Katalysatoren, häufig mit einer Kombination der verschiedensten physikalisch-chemischen und spektroskopischen Methoden, soweit sie für diese Stoffe mit meistens stark entwickelter Porosität anwendbar sind. Dabei interessiert sowohl die Aufklärung der chemischen Natur der eigentlich katalytisch aktiven Oberflächenphase, der Charakter ihrer Veränderung als Folge der Anwesenheit der übrigen Katalysatorbestandteile, insbesondere des Katalysatorträgers, als auch die Natur der instabilen Oberflächenverbindungen mit den reagierenden Molekülen, über deren intermediäre Bildung der Katalysator den neuen Reaktionsweg zu den gewünschten Produkten erschließt. Selbstverständlich wird dabei auch mit Modellkatalysatoren gearbeitet, die gegenüber den technischen Katalysatoren vereinfacht sind und bestimmte Eigenschaften besonders hervorheben, andere dagegen in den Hintergrund treten lassen. Die Mehrheit solcher Arbeiten erlaubt von der Anlage her auch verallgemeinerungsfähige Aussagen. Dabei geht es — wie bereits betont — nicht primär um die Aufstellung geschlossener Theorien, sondern um Beiträge zu einer Reihe grundsätzlicher Fragen, die in den letzten Jahren stärker in den Vordergrund getreten sind. Dazu gehören:

- die Rolle von koordinativ ungesättigten Oberflächenzentren bzw. Ionen in besonderen Wertigkeitszuständen
- der Einfluß des Katalysatorträgers auf Bildung und Charakter der aktiven Oberflächenverbindungen
- der Einfluß kollektiver Festkörpereigenschaften auf die Reaktivität lokaler Wechselwirkungszentren an der Katalysatoroberfläche
- die Änderung der katalytischen Eigenschaften eines Metalls oder Oxids beim Übergang zu atomaren Clustern aus wenigen Atomen bis hinab zum total aus seiner arteigenen Umgebung isolierten Atom oder Ion
- der Mechanismus des Wirksamwerdens des Zweitmetalls in Legierungen bzw. bimetallischen Oberflächenclustern

— die Rolle bestimmter Formen chemisorbierter Spezies solcher Reaktanden wie des Sauerstoffs, des Wasserstoffs oder olefinischer Kohlenwasserstoffe u. a., die an vielen Prozessen beteiligt sind.

Zu all diesen Problemen hat es in den letzten Jahren bemerkenswerte Erkenntnisfortschritte gegeben. Besondere internationale Beachtung haben dabei die Arbeiten der großen Schulen der sowjetischen Katalytiker in Nowosibirsk und in Moskau gefunden, die u. a. vor allem mit dem Namen unseres auswärtigen Mitgliedes Boreskov [10] verbunden sind. Gedacht sei an die Arbeiten zur Rolle isolierter Ionen in Oxidationsreaktionen, zum Charakter der Wechselwirkung von Kohlenwaserstoffen mit Metalloxiden, zum Mechanismus der Selektivoxidation oder zu den verschiedenen Chemisorptionsformen des Sauerstoffs.

Eines der zentralen Probleme, das sich in dieser oder jener abgewandelten Form in den meisten angeführten allgemeinen Fragestellungen letztlich widerspiegelt, ist die Aufklärung des Einflusses der unmittelbaren atomaren Umgebung auf die katalytische Wirkung eines aktiven Atoms oder Ions.

Im Bereich Katalyse und Kinetik des ZIPC haben wir uns in den letzten Jahren bemüht, zu diesem Problem unter anderem an konkreten oxidischen Trägerkatalysatoren einen Beitrag zu leisten. Der Ausgangspunkt unserer Arbeiten bestand darin, Oberflächenhydroxylgruppen oxidischer Träger wie z. B. des SiO_2, die, wie in der Abbildung 10 schematisch dargestellt ist, isoliert oder in Zweier- bzw. Dreiergruppierungen angeordnet sind, für die Synthese von aktiven oxidischen Zentren zu nutzen. Dazu setzen wir sie der Reaktion mit Oxihalogeniden verschiedener Übergangsmetalle — vor allem des Vanadins — aus und hofften, im Resultat einer nachfolgenden Hydrolyse der in den Primärprodukten verbliebenen Vanadin-Chlor-Bindungen zu den im Bild durch gestrichelten Pfeil angegebenen Verbindungen zu gelangen. Diese sollten infolge ihres unterschiedlichen Bindungszustandes auch verschiedene katalytische Eigenschaften haben. Über die Vorwahl unterschiedlicher OH-Gruppenkonzentrationen hätten sich unterschiedliche Anteile der einzelnen Verbindungen synthetisieren lassen und damit auch unterschiedliches katalytisches Verhalten. Tatsächlich erwiesen sich katalytische Aktivität und Selektivität bei gleicher Vanadinkonzentration als in sehr hohem Maße abhängig von der OH-Gruppenkonzentration des Trägers. Sorgfältige Untersuchungen der einzelnen Präparationsschritte und der fertigen Proben mit Hilfe der Infrarotspektroskopie, der Reflexionsspektroskopie im sichtbaren Bereich sowie die genaue Analyse der Element-Bilanzen offenbarten jedoch den komplexen Charakter der bei der Herstellung ablaufenden Vorgänge. Tatsächlich hydrolysiert das Wasser nämlich nicht nur die Vanadin-Chlor-Bindungen, sondern nahezu vollständig auch die Si—O—V-Bindungen zur Trägeroberfläche. Die freigewordenen Vanadinsäuremoleküle kondensieren miteinander und man erhält zunächst, wie im Bild dargestellt, Polyvanadat-Ionen mit nicht genau definierter Zusammensetzung, die wahrscheinlich vorzugsweise über Wasserstoffbrücken auf dem Träger gebunden sind.

Diese Polyvanadat-Strukturen sind jedoch thermisch nicht stabil. Das Tempern der Proben bewirkt ihre Umwandlung in chemisch an die Oberfläche gebundene

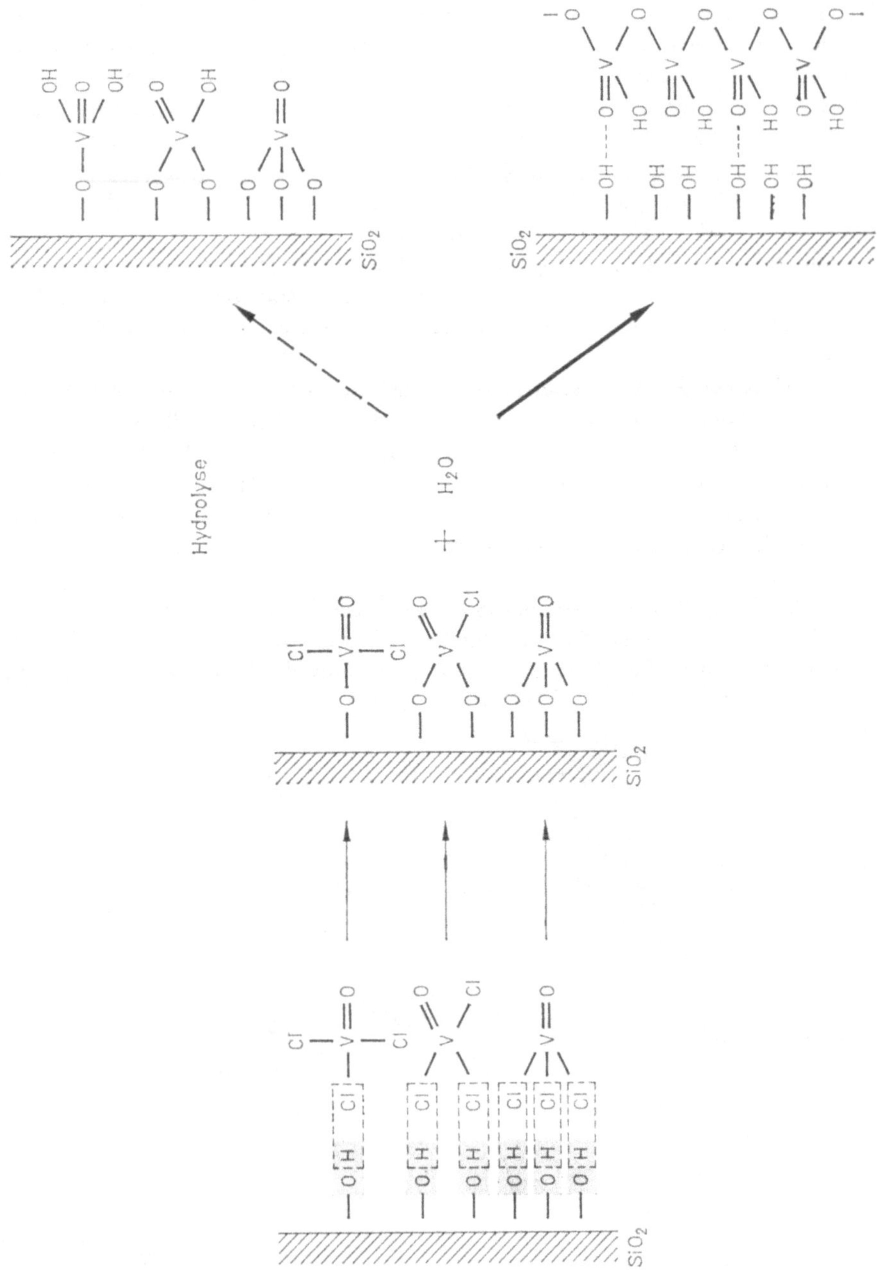

Abb. 10 Reaktionen mit Oxihalogenid

oxidische Cluster, deren Struktur und Größe erneut von der Hydroxylgruppkonzentration des Trägers bestimmt wird. Bei großer Hydroxylgruppenkonzentration bilden sich nahezu ausschließlich Cluster aus drei tetraedrisch koordinierten Vanadin-Atomen, bei geringer OH-Gruppenkonzentration dagegen Cluster mit 10 Vanadinatomen, die alle oktaedrisch koordiniert sind. Diese Erkenntnisse konnten durch selektive Adsorption und durch spektroskopische Untersuchungen gewonnen werden. Beide Cluster-Typen besitzen — wie die nächsten beiden Abbildungen zeigen — sehr stark verschiedene Eigenschaften.

Abbildung 11 zeigt den Dreiercluster in schematischer Darstellung. Wir vermuten eine flache Ringstruktur — die drei Vanadinatome sind selbstverständlich über Sauerstoffbrücken miteinander verbunden. Zur Oberfläche bestehen Si—O—V-Bindungen.

Die Umsetzung von Äthanol in Gegenwart von Sauerstoff erfolgt nur zu 30 % in Richtung des Oxidationsproduktes Acetaldehyd, es überwiegt die Wasserabspaltung zum Äthylen. Der Anteil der selektiven, d. h. nicht zur Totaloxidation führenden Butenoxidation verläuft nur bis zum Butadien, Sauerstoff wird praktisch nicht in das C_4-Kohlenstoffgerüst eingebaut. Die katalytische Aktivität ist gegenüber beiden Reaktionen sehr gering, wie die eingezeichneten Zahlenwerte veranschaulichen.

In Abbildung 12 haben wir nun in schematischer Darstellung den Dekavanadat-ähnlichen Cluster, der bereits eine räumliche Struktur aufweisen muß. Die Bindungen zwischen den Vanadinionen kommen ebenfalls durch Sauerstoffbrücken zu-

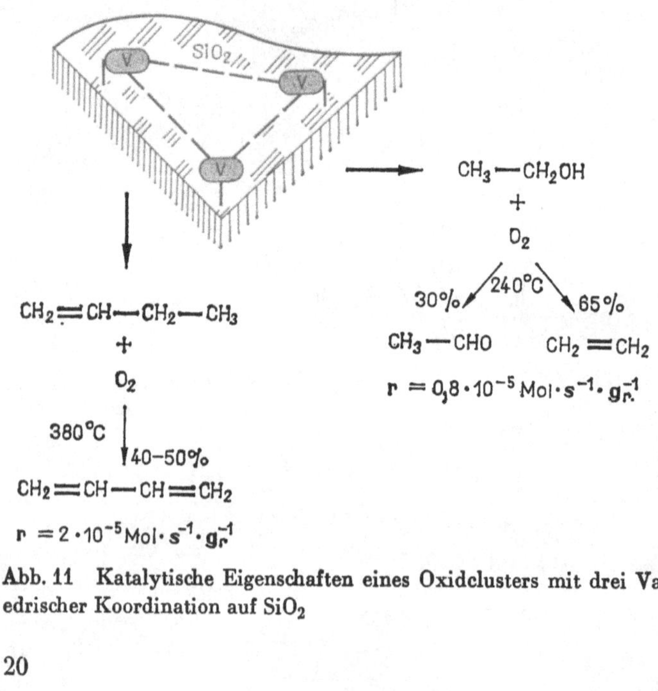

Abb. 11 Katalytische Eigenschaften eines Oxidclusters mit drei Vanadin-Ionen in tetraedrischer Koordination auf SiO_2

stande. Katalytisch überwiegt eindeutig bei der Alkoholumwandlung die Oxydation zum Acetaldehyd, der Anteil der Selektivoxidation des Butens führt über das Butadien hinaus sehr schnell zum Maleinsäureanhydrid. Beide Reaktionen sind an diesem Katalysator im Vergleich zum vorhergehenden um mehr als eine Größenordnung schneller.

Diese Ergebnisse verdeutlichen die starke Abhängigkeit der katalytischen Aktivität von der Mikroumgebung der aktiven Ionen, von der Art und Weise ihrer strukturellen Anordnung im aktiven Zentrum des Katalysators. Sie erlauben die Schlußfolgerung, daß eine zunehmende Isolierung eines Vanadin-Ions aus seiner arteigenen Umgebung im Vanadinoxid zu einer wesentlichen Verminderung seiner katalytischen Aktivität gegenüber Oxidationsreaktionen führt. Die im allgemeinen mit zunehmender Dispersität des aktiven Elements einhergehende Vergrößerung der summarischen Aktivität eines Trägerkatalysators hat für Vanadin also eine untere Grenze, die etwa bei 10 Vanadinatomen im Cluster liegen dürfte. Wie unsere Untersuchungen an Katalysatoren des gleichen Typs jedoch mit Chrom als aktivem Element zeigen, läßt sich diese Aussage nicht verallgemeinern. Im Falle des Chroms hat mit großer Wahrscheinlichkeit das isoliert, höchstens jedoch paarweise an die Oberfläche gebundene Cr^{6+}-Ion die höchste katalytische Aktivität für die genannten, von uns untersuchten Reaktionen.

Das Verständnis dieser Unterschiede als Ergebnis der unterschiedlichen Eigenschaften der Elemente und der interatomaren Beziehungen im aktiven Oberflächen-

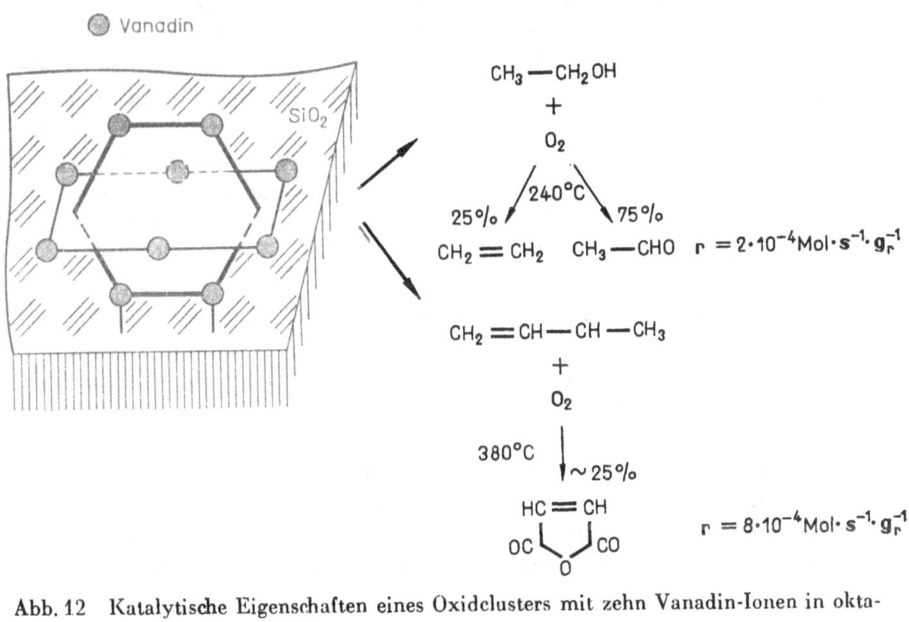

Abb. 12 Katalytische Eigenschaften eines Oxidclusters mit zehn Vanadin-Ionen in oktaedrischer Koordination auf SiO_2

zentrum wird zugleich auch für die Aufklärung des katalytischen Wirkungsmechanismus von großer Bedeutung sein. Zur Zeit sind wir davon leider noch weit entfernt.

Das Entwicklungstempo unserer Erkenntnis über den Wirkungsmechanismus selbst der einfachsten heterogenen Katalysatoren ist in der Vergangenheit sogar von namhaften Vertretern dieses Fachgebietes wiederholt überschätzt worden.

Angesichts der Entwicklung sehr leistungsfähiger, oberflächenanalytischer physikalischer Untersuchungsmethoden trifft man zum Teil auch heute wieder recht optimistische Prognosen über die zu erwartenden Erfolge. Dennoch sollten auch für die achtziger Jahre die Erwartungen nicht zu hoch angesetzt werden.

Die Fortschritte bei der Entwicklung industrieller, heterogener Katalysatoren, vor allem in den letzten drei Jahrzehnten, sind — abgesehen von wenigen grundsätzlich neuen Typen, wie den erwähnten Zeolithen — im wesentlichen durch Erhöhung der Komplexität ihrer Zusammensetzung erzielt worden. Dieser Weg war und ist aus der Sicht der wissenschaftlichen Katalysatorforschung stark mit der Methode des „trial and error“ verknüpft. Es stellt sich daher die Frage, ob die Tendenz der zunehmenden Einbeziehung weiterer Elemente des Periodischen Systems eine objektiv notwendige Tendenz sein muß oder ob sich die Forschung hier vielleicht in einer Sackgasse bewegt, die zwar noch bergan führt, aber eben doch nicht zum Gipfel vorzudringen erlaubt. Um Mißverständnissen vorzubeugen sei betont: Es gibt keine Zweifel an der Lösbarkeit der Aufgaben der nächsten Zukunft. Fast alle bereits laufenden katalytischen Prozesse der chemischen Stoffwandlung besitzen hinsichtlich der Raum-Zeit-Ausbeute der Zielprodukte z. T. noch erhebliche Reserven, zu deren Erschließung die Katalysatorforschung wesentlich beitragen wird. Schätzungen, die unsere Kollegen aus der Industrie vor einigen Jahren über den Wertumfang der denkbaren Warenproduktionssteigerung vor allem durch Weiterentwicklung der Katalysatoren vorgenommen haben, erreichen für den Zeitraum bis 1990 immerhin die stattliche Summe von ca. 800 Millionen Mark. Neue Aufgaben ergeben sich natürlich auch aus der stärkeren chemischen Nutzung der Braunkohlen oder den wachsenden Anforderungen des Umweltschutzes. Nicht darum also geht es — Aufgaben und Möglichkeiten zu ihrer Lösung gibt es sicher genug.

Was uns bewegt, ist die grundsätzliche Frage der langfristigen Entwicklung der heterogenen Katalyse.

Ungeachtet aller Fortschritte ihrer technischen Anwendung sind die Bedingungen, unter denen heterogenkatalytische Reaktionen gewöhnlich ablaufen, doch noch immer recht drastisch. Die Mehrzahl technischer Katalysatoren erreicht gute Aktivitäten erst im Bereich von 300—500 °C, viele bedürfen dazu auch noch eines erhöhten Druckes. Biologische Katalysatorsysteme und z. T. Komplexkatalysatoren in homogener Phase ermöglichen aber gleiche oder ähnliche Stoffwandlungen unter wesentlich milderen Bedingungen. Wird die heterogene Katalyse den Weg der biologischen Entwicklung von Katalysatorsystemen in ähnlicher Weise nachvollziehen müssen oder wird sie auch weiterhin ihre eigenen Wege zu gehen haben?

Die moderne industrielle Chemie stellt heute und in der näheren Zukunft hohe, aber auch sehr differenzierte Anforderungen an ihre Katalysatoren. Höhere Aktivitäten und Selektivitäten sowie größere Lebensdauer bleiben Grundanforderungen an die weitere Entwicklung. Das gilt besonders für solche Stoffwandlungen, die nicht von Stoffgemischen, sondern von individuellen Verbindungen ausgehen. Ein großer Teil katalytischer Verfahren mit enormen Stoffdurchsätzen verwendet jedoch komplizierte Stoffgemische als Ausgangsprodukt. Die allgemeine Rohstoffsituation verlangt hier aber größere Möglichkeiten zur Variation der Einsatzprodukte, wodurch vom Katalysator bei gleichem Stoffwandlungstyp größere Universalität gegenüber dem Einsatzprodukt und seiner Zusammensetzung erwartet werden. Das ausgeprägte, stabile System des Energie- und Stoffverbundes in der modernen chemischen Industrie stellt darüber hinaus hohe Anforderungen an die Multifunktionalität eines Katalysators, die es erlaubt, ein ganzes System verschiedener Reaktionen unter gleichen Bedingungen in einem Reaktor, an einem einzigen Katalysator zu realisieren. Der optimale Energieverbund setzt die Nutzung der Abwärme aus exothermen Prozessen voraus. Diese besitzt aber einen um so höheren Wirkungsgrad, je höher die Reaktionstemperatur liegt. Biokatalysatoren sind meistens hochspezialisiert für eine bestimmte chemische Reaktion und oft auch noch spezifisch abgestimmt auf Substrate mit genau vorgegebener Struktur — zudem verlaufen sie in wäßriger Lösung nahe Raumtemperatur. Diese Eigenschaften sind für die industriell-chemische Stoffwandlung also keineswegs immer gefragt.

Trotz dieser Unterschiede industrieller und biologischer Wege der Stoffwandlung, die letztlich der Grund dafür sind, daß der Einsatz von Biokatalysatoren in der chemischen Stoffwandlung in der übersehbaren Zukunft sicher nur eine Ergänzung des traditionellen Weges bleiben wird, muß die moderne heterogene Katalyse in Zukunft sicher mehr Impulse aus den Erkenntnissen der Enzymwirkung aufnehmen und für sich verwerten. Das gilt genauso für das Verhältnis der heterogenen Katalyse zur homogenen Komplexkatalyse und ist natürlich wechselseitig.

Die Zeit ist herangereift, in der die Forscher auf den verschiedenen Teilgebieten der Katalyse noch enger zusammenarbeiten müssen, auch wenn Forschungsziele und Methoden zur Zeit noch eine hohe Spezifik besitzen und auch die Sprache der Vertreter der einzelnen Richtungen mitunter noch wenig Gemeinsamkeiten aufzuweisen scheint. Das Ausmaß der gegenseitigen Befruchtung der Gebiete wird in dem Maße zunehmen, wie die Gemeinsamkeiten und auch die Besonderheiten im Wirkungsmechanismus der verschiedenen Katalysatortypen tiefer erkannt werden.

Für die weitere Vertiefung dieser Zusammenarbeit existieren in unserer Republik alle Voraussetzungen.

Literatur

[1] Engels, F.: „Anti-Dühring" in MEW Bd. 20, 1975, S. 106 f.

[2] Oparin, A. I.: Westnick akad. nauk UdSSR 2, 56 (1976).

[3] Ashmore, P. G.: Catalysis and Inhibition of Chemical Reactions. London 1963 (russ. Übersetzung im Verlag „Mir" 1966, S. 37.

[4] Langenbeck, W.: Die organischen Katalysatoren und ihre Beziehungen zu den Fermenten. Berlin, Göttingen, Heidelberg, Springer-Verlag 1949 S. 71.

[5] Montgomery, J. A.: Oil and Gas J. 70 (1972), 50, 81–86.

[6] Rienäcker, G.: Chem. Techn. 5, 246 (1959).

[7] Robinson, A. L.: Science 185, 772 (1974).

[8] Eisenberger, P., Kincaid, B. M.: Science 200, 1441 (1978).

[9] Somorjai, G. A.: Pure and Appl. Chem. 50, 963 (1978).

[10] Boreskow, G. K., Sokolowski, W. D.: Iswest. Sibirsk. Otdel. AN UdSSR, Ser. chim. nauk 4, 2, 46–57 (1976).